BEST Intro
LECTURES with Dr.O
Bilingual
English
Spanish
Technical
Lectures

!!LEARN AND PRACTICE TECHNICAL ENGLISH WITH AN EXPERT INSTRUCTOR!!

BEST Intro
LECTURAS con el Dr. O
Bilingües
Español
Inglé**s**
Técnico
Lecturas

!!APRENDA Y PRACTIQUE INGLES TECNICO CON UN INSTRUCTOR EXPERTO!!

BEST LECTURE Series with Dr. O--Bilingual English Spanish Technical Lectures

BEST Table of Content

BEST Tabla de Contenido

About "Dr.O" Credentials and Expertise

Sobre las Credenciales del Experto "Dr. O"

Dr. O is a foremost expert in multiple technical disciplines, his credentials range from academic degrees of all levels to some of the most sought after professional and technical industry based certifications.

El Dr. O es un experto técnico y multidisciplinario, sus credenciales incluyen grados académicos de todos los niveles y certificaciones técnico-profesionales basadas en normas industriales.

BEST Welcome

Hello and welcome, my name is Oscar Rodriguez

I thank you for the opportunity today. I am here to share with you an important project.

To learn bilingual English Spanish technology.

The project name is the BEST lectures but BEST in this project stands for Bilingual English Spanish Technical lectures.

In other words the BEST lectures it means that, you will learn technology in a bilingual way.

BEST Bienvenida

Hola y Bienvenidos, mi nombre es Oscar Rodriguez.

Les doy gracias por la oportunidad hoy. Estoy aquí para compartir un importante proyecto.

Para aprender Inglés y Español Técnico.

El nombre del proyecto es BEST lecturas, pero BEST en este proyecto significa Bilingüe, Inglés y Español Técnico.

En otras palabras, BEST lecturas significa, que usted aprenderá tecnología de manera bilingüe.

The BEST lectures, bilingual English Spanish Technology lectures.

Why is that I am so excited about this project? Let me give you my background in a nutshell.

I have more credentials than I could even dream.

My credentials include, associate, undergraduate, graduate and postgraduate including a doctoral, but all of these bilingual.

Furthermore I have more than seven certifications in the technical field.

The BEST lecturas, Lecturas Técnicas en Inglés y Español.

¿Porque estoy tan emocionado con respecto a este proyecto? Déjeme compartir sobre mis antecedentes.

Tengo más credenciales de las que yo puede soñar.

Mis credenciales incluyen, pregrado, grado, postgrado y doctorado, todos en tecnologías, pero también bilingüe.

Además, poseo más de siete certificaciones técnico profesional.

But more importantly, I have discovered that the ability to communicate in a bilingual way have opened doors of opportunities for me.

So, today want I want to do is to share more than two decades of experience in the bilingual field.

So the BEST project is going to be the channel to give you much of my experience.

You can learn and practice either English or Spanish in the technical field. I will give you series of text and audio lectures in science and technology.

Pero más importante, he descubierto que la habilidad de comunicarse en forma bilingüe ha abierto puertas de oportunidades para mí.

Así que, hoy deseo compartir más de dos décadas de experiencia en el campo tecnológico bilingüe.

Así que el proyecto BEST lecturas será el canal para compartir mi experiencia con ustedes.

Usted puede aprender y practicar ya sea inglés o español técnico, con una serie de lecturas científicas por texto y audio que le doy.

So, thank you for the opportunity you allow me to share with you my knowledge.

I am eager to start as we learn new terms new technology in English and Spanish and we will do it right.

Just follow the instructions on the text and videos so that you can learn and practice all that is possible in these series of bilingual technical lectures in English and Spanish.

Así que gracias por permitirme la oportunidad de compartir mi conocimiento con usted.

Estoy ansioso por iniciar para que aprenda y practique nuevos términos técnicos en inglés y español y lo haremos muy bien.

Simplemente siga las instrucciones en texto y videos para que pueda aprender y practicar todo lo que sea posible en esta serie de lecturas bilingües técnicas en inglés y español.

BEST Introductory Lesson

Welcome everyone, here is your instructor Oscar Rodriguez.

Today I present to you the main topics of study in the BEST lectures, and here we go:

BEST lectures teach you important concepts in relevant technology areas.

Among other areas we will be an introduction to STEM. Additionally we will introduce knowledge of computing, we will also study the field of electricity and electronics.

BEST Lección Introductoria

Bienvenidos todos, aquí está su instructor Oscar Rodriguez.

Hoy les presento los temas de estudio principales en el curso BEST lecturas aquí va:

BEST lectura le ensenara conceptos importantes en áreas técnicas relevantes.

Entre otras áreas estaremos presentando una introducción a STEM. Adicionalmente introduciremos conocimiento sobre computación, también estudiaremos el campo de la electricidad y electrónica.

Because these fields are connected to one another, we will learn about robotics and different applications.

Beyond robotics we will study manufacturing and finally we will study a hot topic which is the field of renewable energy.

Once again these are all the topics covered in this technical English bilingual course/libro.

One more time we review, we will study about STEM, we are going to study about computing, electronics, robotics, we will study manufacturing and we also are going to study renewable energy.

Porque estos campos están conectados, también aprenderemos sobre robótica y las distintas aplicaciones.

Más allá de la robótica estudiaremos manufactura y finalmente estudiaremos un tema caliente lo cual es el campo de la energía renovable.

Una vez más estos son los temas a cubrir en este curso/libro de inglés técnico bilingüe.

Una vez más estudiaremos sobre STEM, computación, electrónica, robótica, manufactura y también estudiaremos energía renovable.

As far as I know there is no course like this out there, essentially because you do not find the expertise of the instructor/ author of these BEST series in many places.

We are giving you the best of our knowledge expecting your put your best effort.

This was an introduction to the BEST Lecture.

En lo que a mí respecta, no creo que existe otro curso/libro como este por ahora, esencialmente porque usted no encuentra muchos instructores como el experto/escritor de esta serie BEST en muchos lugares.

Así que estamos dando lo mejor, y esperamos que usted ponga su mejor esfuerzo.

Esta fue una introducción a BEST lectura.

INTTRODUCTION TO STEM

S.T.E.M

WHAT IS STEM?

Science, **T**echnology, **E**ngineering and **M**athematics.

A common definition is STEM education is an interdisciplinary approach to learning where rigorous academic concepts are coupled with real-world lessons as students apply science, technology, engineering, and mathematics in contexts that make connections between school, community, work, and the global enterprise enabling the development of STEM literacy and with it the ability to compete in the new economy. *(Tsupros, 2009)*

INTTRODUCCION A CTIM

S.T.E.M

¿QUE ES STEM/CTIM?

De las siglas en Ingles **C**iencia, **T**ecnología, **I**ngeniería y **M**atemáticas.

Una definición común es STEM educación es un método interdisciplinario de aprendizaje donde el rigor académico y los conceptos acoplados con lecciones del mundo practico donde los estudiantes aplican la ciencia, tecnología, ingeniería y las matemáticas en un contexto que está vinculado con la escuela, la comunidad, el trabajo y la empresa global habilitando el desarrollo de alfabetismo en STEM que permite competir en una economía global. (Tsupros, 2009)

COMPUTERS

DEFINING A COMPUTER SYSTEM: What is a computer? A computer is an electronic device that manipulates information, or data. It has the ability to store, retrieve, and process data. You probably already know that you can use a computer to type documents, send email, play games, and browse the Web. You can also use it to edit or reedit spreadsheets, presentations, and even videos.

http://www.gcflearnfree.org /computerbasics/1

COMPUTADORAS

DEFINIENDO UN SISTEMA de CÓMPUTO: ¿Que es una computadora? Una computadora es un dispositivo electrónico para manipular información o datos. Tiene la habilidad de almacenar, manipular y procesar datos. Algunas aplicaciones del computador incluyen hacer documentos, enviar correos electrónicos, juegos electrónicos, y navegación en la web. También se pueden crear y editar hojas electrónicas de cálculo, presentaciones y videos.

http://www.gcflearnfree.org /computerbasics/1

What is Computer Literacy?

Computer Literacy: basic, nontechnical knowledge about computers and how to use them; familiarity and experience with computers, software, and computer systems.

http://dictionary.reference.com/browse/computer+literacy

¿Qué es Alfabetismo Digital?

Alfabetismo Digital: Conocimiento no técnico sobre el uso de computadoras, familiaridad y experiencia en el uso de computadoras, hardware y software así como de sistemas computacionales.

http://dictionary.reference.com/browse/computer+literacy

ELECTRICAL AND ELECTRONICS

ELECTRICIDAD Y ELECTRONICA

DEFINING ELECTRICAL AND ELECTRONICS: What is electricity and electronics?

Electricity: 1. the physical phenomena arising from the behavior of electrons and protons that is caused by the attraction of particles with opposite charges and the repulsion of particles with the same charge. 2. The physical science of such phenomena. 3. Electric current used or regarded as a source of power.

dictionary.search.yahoo.com

DEFINIENDO ELECTRICIDAD Y ELECTRONICA: ¿Que es Electricidad y Electrónica?

Electricidad: 1. Fenómeno físico que se levanta del comportamiento de electrones y protones causado por la atracción de partículas con cargas opuestas y la repulsión de partículas con cargas iguales. 2. La ciencia física de tal fenómeno. 3. La corriente eléctrica es usada como fuente de potencia.

dictionary.search.yahoo.com

Electronics: 1. of or relating to electronics or to devices, circuits, or systems developed through electronics.

2. Of or relating to electrons or to an electron.

3. (Of a musical instrument) using electric or electronic means to produce or modify the sound.

4. of, relating to, or controlled by computers or computerized systems: electronic voting; an electronic document.

5. Of or noting computerized products, services, or technologies: electronic banking.

http://dictionary.reference.com/browse/electronic

Electrónica: 1. De lo relacionado con electrónica o dispositivos, circuitos, o sistemas desarrollado por la electrónica.

2. De lo relacionado a los electrones.

3. (De los instrumentos musicales) usando electrónica o medios electrónicos para producir o modificar el sonido.

4. De lo relacionado con o controlado por computador o sistema computarizado: voto electrónico; documento electrónico.

5. De lo vinculado con productos computarizados, servicios, o tecnologías: banca electrónica.

http://dictionary.reference.com/browse/electronic

ROBOTICS

ROBOTICA

DEFINING ROBOTICS

What is Robotics?

Science and engineering of using robots.

What is a Robot?

A robot is a programmable mechanical device that can perform tasks and interact with its environment, without the aid of human interaction. Robotics is the science and technology behind the design, manufacturing and application of robots.

DEFINIENDO ROBOTICA

¿Qué es Robótica?

Ciencia e ingeniería del uso de los robots.

¿Qué es un robot?

Un robot es un dispositivo mecánico reprogramable que puede hacer varias funciones e interactuar con el medio, sin la ayuda de un humano. La robótica es la ciencia y tecnología que tiene que ver con el diseño, manufactura y aplicación de los robots.

The word robot was coined by the Czech playwright Karel Capek in 1921. He wrote a play called "Rossum's Universal Robots" that was about a slave class of manufactured human-like servants and their struggle for freedom. The Czech word *robota* loosely means "compulsive servitude." The word robotics was first used by the famous science fiction writer, Isaac Asimov, in 1941.

La palabra Robot fue inventada por el autor Checoslovaco Karel Capek en 1921. El escribió una obra llamada "El Robot Universal de Rossum" se trataba de una clase de esclavo manufacturado y parecido a los humanos que luchaban por su libertad. La palabra Checa *robota* significa en breve "servidumbre compulsiva". La palabra *robótica* fue usada por primera vez por el famoso escritor de ciencia ficción Isaac Asimov, en 1941.

http://curriculum.vexrobotics.com/curriculum/intro-to-robotics/what-is-robotics

http://curriculum.vexrobotics.com/curriculum/intro-to-robotics/what-is-robotics

MANUFACTURING

DEFINING MANUFACTURING

What is manufacturing?

The process of converting raw materials, components, or parts into finished goods that meet a customer's expectations or specifications. Manufacturing commonly employs a man-machine setup with division of labor in a large scale production.

http://www.businessdiction ary.com/definition/ manufacturing.html

MANUFACTURA

DEFINIENDO MANUFACTURA

¿Qué es manufactura?

El proceso de convertir materia prima, componentes, o partes en un producto terminado que satisfice las expectaciones y especificaciones del cliente. La manufactura comúnmente emplea un arreglo de operarios y maquinas con una división de trabajo en una gran escala de producción.

http://www.businessdiction ary.com/definition/ manufacturing.html

Manufacturing technology provides the tools that enable production of all manufactured goods. These master tools of industry magnify the effort of individual workers and give an industrial nation the power to turn raw materials into the affordable, quality goods essential to today's society. In short, we make modern life possible.

Manufacturing technology provides the productive tools that power a growing, stable economy and a rising standard of living.

Tecnología de la manufactura provee las herramientas que habilitan la producción de todos los bienes manufacturados. Estas herramientas maestras de la industria magnifican el esfuerzo de los trabajadores y le dan a una nación industrial, la potencia de transformar materia prima en productos baratos, bienes de buena calidad esencial para la sociedad de hoy.

En pocas palabras, hacemos la vida moderna posible.

La tecnología de la manufactura da las herramientas productivas que empoderan el crecimiento, estabilizan la economía y mejoran la calidad de vida.

These tools create the means to provide an effective national defense. They make possible modern communications, affordable agricultural products, efficient transportation, innovative medical procedures, space exploration... and the everyday conveniences we take for granted.

Estas herramientas crean los medios para proveer una defensa nacional efectiva. Hacen posible las comunicaciones modernas, productos agrícolas cómodos, medios de transporte eficientes, procedimientos médicos innovativos, exploración espacial...y las comodidades diarias que muchas veces olvidamos.

Production tools include machine tools and other related equipment and their accessories and tooling. Machine tools are non-portable, power-driven, manufacturing machinery and systems used to perform specific operations on man-made materials to produce durable goods or components.

Related technologies include Computer Aided Design (CAD) and Computer Aided Manufacturing (CAM) as well as assembly and test systems to create a final product or subassembly.

http://www.amtonline.org/About WhatisManufacturingTechnology/

Las herramientas de producción incluyen maquinas herramientas y demás equipos relacionados así como sus accesorios y herramientas. Las maquinas herramientas no son portátiles, estas son máquinas de manufacturar que usan gran potencia y sistemas de producción utilizado para tareas específicas en materiales producidos por el hombre para producir partes y productos durables.

Las tecnologías asociadas incluyen, diseño ayudado por computadora (CAD), y manufactura asistida por computadora (CAM), así como ensamblaje y sistemas de prueba para crear productos finales y sub ensambles.

http://www.amtonline.org/About WhatisManufacturingTechnology/

RENEWABLE ENERGY

DEFINING RE: What is renewable energy?

Renewable energy comes from natural sources that are constantly and sustainably replenished. The technologies featured here will make our families healthier, more secure, and more prosperous by improving our air quality, reducing our reliance on fossil fuels, curbing global warming, adding good jobs to the economy and -- when they're properly sited –

ENERGIA RENOVABLE

DEFINIENDO LA Energía Renovable: ¿Que es energía renovable?

La energía renovable procede de fuentes o recursos naturales que están constantemente siendo regenerados y sostenidos. Las tecnologías usadas para obtener energía renovable ayudaran a tener familias más saludables, más seguras, y más prosperas al mejorar la calidad del aire, reducir el uso de combustibles fósiles, reducir el calentamiento global, crear bueno empleos para la economía y cuando se haga todo esto bien citado—

Protecting environmental values such as habitat and water quality.

Working together, policymakers, communities, Businesses, investors, utilities, and farmers can help build a sustainable future for America and the planet.

Protegerán los valores ambientales tales como la selva y la calidad del agua.

Trabajando juntos, políticos, comunidades, empresarios, inversionistas, empresas de servicios públicos y los agricultores pueden construir un futuro sostenible para el continente Americano y el planeta.

www.nrdc.org/energy/renewables/

www.nrdc.org/energy/renewables/

Dr. O's Academic Degrees

1. Associate of Science in Engineering Technology
2. Bachelor of Science and Technology
3. Masters of Science in Computer Electronics
4. Graduate Certificate
5. Education Specialist
6. Doctor of Science Technology

Grados Académicos Del Dr. O

1. Pregrado en ciencias de la ingeniería y tecnología
2. Grado en ciencia y tecnología
3. Maestría en ciencia y computación electrónica
4. Postgrado
5. Especialista en educación
6. Doctor en ciencia y tecnología

DRO's Technical and Professional Certifications

1-Certified Master Instructor in Electronics Repair and Manufacturing.

2-Certified Fiber Optics Instructor.

3-Certified Production and Manufacturing Instructor.

4-Certified Green Production Instructor.

5-Certified Robotics Instructor.

6-Certified Energy Auditor.

7-Certified Renewable Energy Professional.

Dr. O y sus Certificaciones Técnicas Profesionales

1-Master Instructor en manufactura y reparación electrónica.

2-Instructor de Fibra Óptica.

3-Instructor de Manufactura avanzada.

4-Instructor de Producción sostenible.

5-Instructor de Robótica.

6-Auditor Energético.

7-Profesional de la Energías Renovables.

BEST Lectures Technical Vocabulary

STEM VOCABULARY

- Science
- Technology
- Engineering
- Mathematics.
- interdisciplinary
- rigorous academic
- Real world
- Connections
- global enterprise
- enabling the development

Vocabulario Técnico de BEST Lecturas

VOCABULARIO STEM

- Ciencia
- Tecnología
- Ingeniería
- Matemática
- Interdisciplinario
- Rigor académico
- Mundo real
- Conexiones
- Empresa Global
- Habilitando el Desarrollo

COMPUTER VOCABULARY

- A computer
- Electronic device.
- Manipulates information, store, retrieve, and process data.
- Type documents, send email, play games, and browse the Web.
- Spreadsheets, presentations, and watch videos.

VOCABULARIO COMPUTACIONAL

- Un computador
- Dispositivo electrónico.
- Manipula información, almacena, extrae, y procesa datos.
- Elabora documentos, envía correos, hace juegos, y navega en el internet.
- hojas electrónicas, presentaciones, y ve videos.

ELECTRICITY and ELECTRONICS VOCABULARY

- The physical phenomena.

- Behavior of electrons and protons.

- Attraction of particles with opposite charges.

- Repulsion of particles with the same charge.

- Electric current.

- Source of power.

VOCABULARIO de ELECTRICIDAD y ELECTRONICA

- El fenómeno físico.

- Comportamiento de electrones y protones.

- Atracción de partículas con cargas opuestas.

- Repulsión de partículas con la misma carga.

- Corriente eléctrica.

- Fuente de potencia.

- o Electronics:
- o Electronics devices.
- o Circuits, or systems developed.
- o Using electric or electronic means.
- o controlled by computers or computerized systems:
- o Computerized products or services.
- o Technologies: electronic banking.

- o Electronica:
- o Dispositivos electrónicos.
- o Circuitos o sistemas desarrollados.
- o Usando medios eléctricos o electrónicos.
- o Controlado por computadora o Sistema computarizado.
- o Productos o servicios computarizados.
- o Tecnologías: banca electrónica.

ROBOTICS VOCABULARY

- A robot is a programmable.
- Mechanical device.
- perform tasks
- Human interaction.
- Robotics is the science and technology.
- Design, manufacturing.
- Application of robots.
- Manufactured human-like servants.
- The word robotics was first used by.

VOCABULARIO de ROBOTICA

- Un robot es reprogramable.
- Dispositivo mecánico.
- Desarrolla funciones
- Interacción humana.
- Robótica es la ciencia y tecnología.
- Diseño y manufactura.
- Aplicación de robots.
- Siervos manufacturados como humanos
- La palabra robótica fue primero usada por.

MANUFACTURIING VOCABULARY

-The process of converting.

-Raw materials and components.

-Parts into finished goods.

-Meet a customer's expectations or specifications.

-Manufacturing commonly employs.

-A man-machine setup.

-Division of labor in a large scale production.

Manufacturing technology provides.

VOCABULARIO de MANUFACTURA

-Proceso de convertir.

-Materia prima y componentes.

-Partes en productos terminados.

-Satisface expectaciones y especificaciones.

-La manufactura comúnmente utiliza.

-Un arreglo hombre-máquina.

-División de trabajo en gran escala de producción.

-La tecnología de la manufactura provee.

-The tools that enable production.

-Manufactured goods.

-These master tools of industry.

-Magnify the effort of individual workers.

-Industrial nation turn raw materials.

- Quality goods essential to today's society.

-Modern life possible.

-Herramientas que habilitan la producción.

-Bienes manufacturados.

-Estas herramientas maestras de la industria

-Magnifican el esfuerzo de trabajadores.

-Una nación industrial convierte material prima.

-Buenos productos esenciales para la sociedad de hoy.

-Vida moderna possible.

RENEWABLE ENERGY VOCABULARY

-Renewable energy comes from natural sources.

-Constantly and sustainably replenished.

-The technologies featured.

-Air quality, reducing our reliance on fossil fuels.

-Curbing global warming.

VOCABULARIO DE LA ENERGIA RENOVABLE

-La energía renovable viene de los recursos naturales.

-Constante reproducción sostenible.

-Las tecnologías presentadas.

-Calidad de aire, reducción de uso de energías fósiles.

-Disminuir el calentamiento global.

-Adding good jobs to the economy.

-Protecting environmental.

-Water quality.

-Working together, policymakers, communities, businesses, investors, utilities.

-Sustainable future for the planet.

-Crear Fuentes de empleo para la economía.

-Proteger el medio ambiente.

-Calidad del agua

-Trabajando juntos, políticos, comunidad, empresas, inversionistas y - servicios públicos.

-Futuro sostenible para el planeta.

BEST LECTURE Series with Dr. O--Bilingual English Spanish Technical Lectures Presents other BEST Lecture Books:

-BEST COMPUTERS LECTURES with Dr. O: Bilingual English Spanish Technical Computer Lectures

-BEST ELECTRONICS LECTURES with Dr. O: Bilingual English Spanish Technical Electronics Lectures

-BEST ROBOTICS LECTURES with Dr. O: Bilingual English Spanish Technical Robotics Lectures

-BEST MANUFACTURING LECTURES with Dr. O: Bilingual English Spanish Technical Manufacturing Lectures

-BEST RENEWABLE ENERGY LECTURES with Dr. O: Bilingual English Spanish Technical Renewable Energy Lectures

Series BEST LECTURE con el Dr. O--Bilingües Español Inglés Técnico Lecturas Presenta otros BEST Lectura Libros:

-BEST LECTURAS sobre COMPUTADORAS con el Dr. O: Bilingües Español Inglés Técnico Lecturas

-BEST LECTURAS sobre ELECTRONICA con el Dr. O: Bilingües Español Inglés Técnico Lecturas

-BEST LECTURAS sobre ROBOTICA con el Dr. O: Bilingües Español Inglés Técnico Lecturas

-BEST LECTURAS sobre MANUFACTURA con el Dr. O: Bilingües Español Inglés Técnico Lecturas

-BEST LECTURAS sobre ENERGIA RENOVABLE con el Dr. O: Bilingües Español Inglés Técnico Lecturas